蝙蝠的那些事儿

中国野生动物保护协会　编

西北大学出版社·西安

图书在版编目（CIP）数据

蝙蝠的那些事儿 / 中国野生动物保护协会编 . —西安：
西北大学出版社 , 2020.4
ISBN 978-7-5604-4514-4

Ⅰ . ①蝙… Ⅱ . ①中… Ⅲ . ①翼手目—普及读物
Ⅳ . ① Q959.833-49

中国版本图书馆 CIP 数据核字（2020）第 061190 号

编写委员会

主　　任　陈凤学
副 主 任　李青文　郭立新
委　　员　尹　峰　雷成亮　钟　海　卢琳琳　范梦圆　彭　鹏　陈　旸
　　　　　陈冬小　赵星怡　梦　梦　朱思雨　栾福林　孙晓明　周大庆
主　　编　卢琳琳　雷成亮　范梦圆
执行主编　张礼标
摄　　影　周佳俊　徐　健　何晓滨　冯利民　王隼凡

蝙蝠的那些事儿
BIANFU DE NAXIE SHIR

编　　者　中国野生动物保护协会
出版发行　西北大学出版社
地　　址　西安市太白北路 229 号
邮　　编　710069
电　　话　029-88305287
经　　销　新华书店
印　　装　陕西龙山海天艺术印务有限公司
开　　本　889 毫米 ×1194 毫米　1/16
印　　张　3.5
字　　数　54 千字
版　　次　2020 年 4 月第 1 版　2020 年 4 月第 1 次印刷
书　　号　ISBN 978-7-5604-4514-4
定　　价　68.00 元

本版图书如有印装质量问题，请拨打电话 029-88302966 予以调换。

序

地球，是生命的摇篮，是人类与野生动物共同的家园。野生动物是地球家园亿万年生命进化的结果，是生态系统的重要组成部分。

随着人类社会的不断进步，人类对野生动物的影响也不断加深。人类与野生动物的关系十分复杂，每种野生动物在生态系统中都有其独特的功能及定位。人与野生动物是生命共同体，我们必须重新思考人与野生动物的关系，共建人与自然和谐共生的美丽家园。

我们有权利选择自己的生活方式，但也要顾及我们的生活方式可能会给野生动物的生存带来影响。选择健康的生活方式、与野生动物保持科学合理的距离、不破坏野生动物的栖息地，这是我们每个人义不容辞的责任，也是我们每个人能对生态保护做出的最好贡献。

我们相信，只要做出小小的选择和改变，人人都可以成为野生动物保护者。

中国野生动物保护协会

前言

　　蝙蝠是全球生态系统中不可或缺的一员，它们不仅在维持生态系统平衡中起着重要的作用，也为我们开展医学研究提供了非常有价值的参考。

　　一直以来，我们对蝙蝠没有一个客观的认识，未意识到伤害它们不仅会破坏大自然的生态平衡，也可能会给人类自身带来巨大的危险。有鉴于此，笔者编写了这本《蝙蝠的那些事儿》，旨在为广大少年儿童进行科普的同时，提高大家对蝙蝠的认知。本书主要从蝙蝠的分类、分布、繁殖方式、食性、天敌、回声定位、携带的病毒等多个角度一一展开，采用图文并茂的方式向读者阐述了关于蝙蝠的基本知识和研究进展。希望通过本书，能让读者树立正确的生态文明观念，也希望未来有更多的人能加入野生动物保护工作之中，为人与自然的和谐相处贡献力量。

　　让我们一起走进不可思议的蝙蝠世界，认识这种古老又神秘的生物吧！

张礼标

2020 年 3 月

目 录

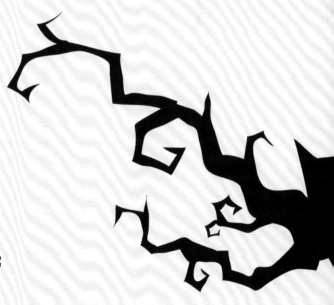

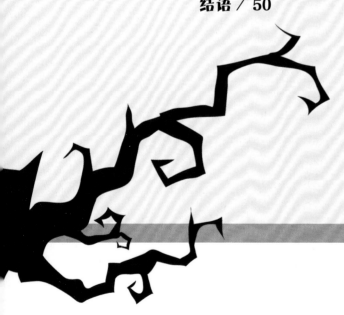

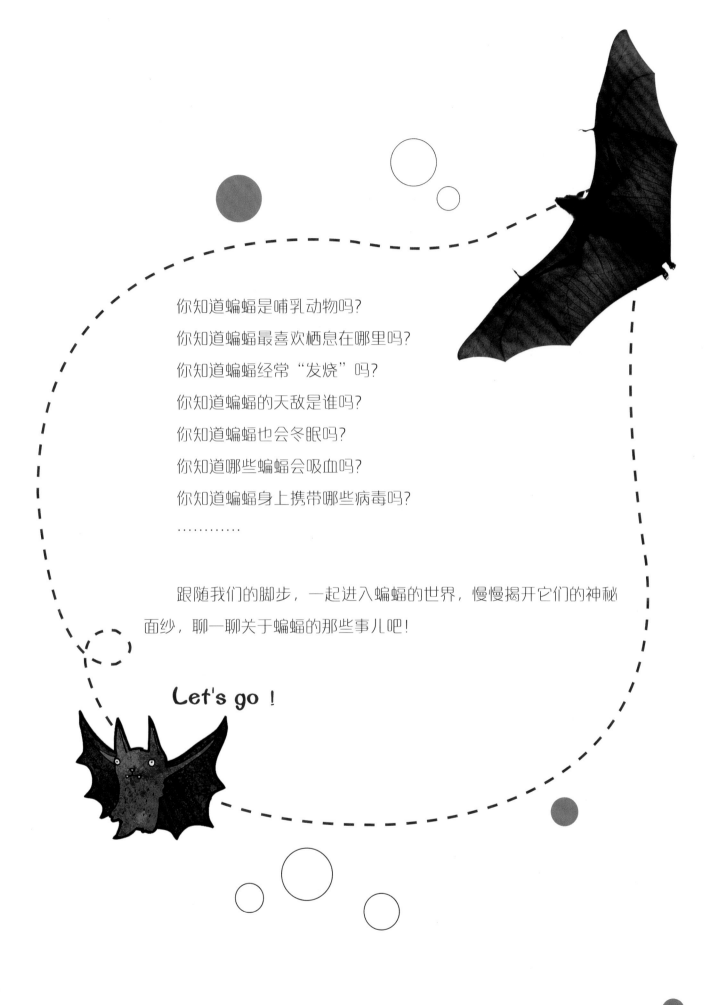

你知道蝙蝠是哺乳动物吗?

你知道蝙蝠最喜欢栖息在哪里吗?

你知道蝙蝠经常"发烧"吗?

你知道蝙蝠的天敌是谁吗?

你知道蝙蝠也会冬眠吗?

你知道哪些蝙蝠会吸血吗?

你知道蝙蝠身上携带哪些病毒吗?

…………

跟随我们的脚步,一起进入蝙蝠的世界,慢慢揭开它们的神秘面纱,聊一聊关于蝙蝠的那些事儿吧!

Let's go !

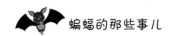

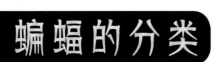

一、蝙蝠的分类

门：脊索动物门

亚门：脊椎动物亚门

纲：哺乳纲

目：翼手目

科：狐蝠科、菊头蝠科、蹄蝠科……

属：果蝠属、菊头蝠属、蹄蝠属……

种：棕果蝠、中华菊头蝠、大蹄蝠……

　　蝙蝠并不是特指某一种动物，我们平常所说的蝙蝠其实是所有翼手目动物的总称。天空中飞翔的蝙蝠看似如鸟儿一般，事实上它们不是鸟类，而是兽类。更有趣的是，蝙蝠是目前已知的唯一有飞行能力的哺乳动物。之所以会飞行是因为它们拥有自己独特的飞行器官——翼手，这也是翼手目与其他动物最大的区别。它们的四肢和尾巴之间覆盖着薄而坚韧的翼膜，需要时可以像鸟儿一样鼓翼飞行。

　　蝙蝠物种繁多，据统计，目前全世界范围内蝙蝠的物种超过1400种，占哺乳动物的1/4左右，仅次于啮齿动物，位居第二位。蝙蝠与人类所属的灵长目动物一样，起源于恐龙时代晚期，至今在地球上已经生存了8000多万年。

倒挂的蝙蝠

飞行的狐蝠

　　按照经典的体形来分类，蝙蝠可以分为**大蝙蝠亚目**和**小蝙蝠亚目**。

　　大蝙蝠亚目仅包括狐蝠科，物种相对较少，不到 200 种。它们主要以果实和花蜜等为食物，统称为果蝠，常见的如犬蝠和埃及果蝠。果蝠的视力很好，通常没有回声定位能力。

　　小蝙蝠亚目包括 18 个科，物种超过 1200 种，物种多且食谱广泛，常见的如普通伏翼和马铁菊头蝠。它们都有回声定位能力，但视力已经逐渐退化。

　　按照最新的分子进化研究结果来分类，蝙蝠可以分为**阴蝙蝠亚目**和**阳蝙蝠亚目**。

　　阴蝙蝠亚目包括原来大蝙蝠亚目的狐蝠科和原来小蝙蝠亚目的菊头蝠科、蹄蝠科、假吸血蝠科、鼠尾蝠科和凹脸蝠科。

　　阳蝙蝠亚目则包括剩下的其他科，如鞘尾蝠科、叶口蝠科、犬吻蝠科、蝙蝠科等。

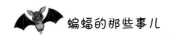

二、蝙蝠的分布

　　蝙蝠是世界上分布最广泛的物种之一，除了极地和大洋中的一些岛屿外，全世界各地几乎都有蝙蝠的踪迹，其中热带、亚热带地区的蝙蝠种类最多。中美洲和南美洲几乎分布了世界蝙蝠物种的1/3。

　　现在，我们来看一看蝙蝠物种最多的四大科主要分布在哪里。

　　狐蝠科主要分布在热带、亚热带地区，体形普遍大于其他科蝠类，因头部像狐狸而得名，大多以水果、花蜜等为食，所以也称果蝠。

　　蹄蝠科主要分布在热带、亚热带地区，体形中等，擅于捕捉飞虫，因为有马蹄状叶鼻而得名。

　　叶口蝠科的发源地为拉丁美洲，因为有发达的叶鼻而得名，不同品种的耳朵不同，均有耳屏，体形与生活习性呈现多样化，有小型食虫类蝠，也有体形很大的食肉蝙蝠、植食性蝙蝠。

　　蝙蝠科遍布世界各地，体形不一，均有耳屏，尾巴通常被尾膜包裹，大多数种类食虫，也有少数食鱼。蝙蝠科也是与人类接触最多的一科。

普氏蹄蝠

　　我国蝙蝠的物种非常丰富。目前研究发现，分布在我国的蝙蝠物种多达 150 种，其中，蝙蝠物种数排在前三的省分别为云南、广东和广西。总体来看，我国南方的蝙蝠物种数多于北方，主要与南方植被好、食物丰富等因素有关。

　　我国现有的蝙蝠中最具代表性的是**东亚伏翼**和**中华菊头蝠**。前者分布广泛，几乎遍布我国各省，以房屋为主要栖息地；后者主要分布在南方地区，以山洞为主要栖息地。

　　我国目前最大的蝙蝠种群是单一种群的**皱唇蝠**，栖息在广西桂平一个丹霞地貌的大裂缝内，保守估计有上百万只。傍晚它们外出飞行时人们可以看到天空中壮观的蝙蝠队伍，如蜿蜒曲折的河流，持续时间超过半个小时。

世界上最大的蝙蝠种群是分布在美国得克萨斯州的一群**巴西犬吻蝠**，它们栖息的洞穴内只有这一种蝙蝠，数量多达一千万只，并且都是雌性。当地将这个洞穴开发为旅游景点，带来了可观的经济收入。

世界上最大的蝙蝠是**马来大狐蝠**。这种蝙蝠的脸型长得很像狐狸，加上它们的体形庞大，看起来非常吓人。它们的体重超过1千克，翼展可达1.8米，比一般的老鹰还要大，主要分布在印度尼西亚、马来西亚、越南、缅甸、菲律宾等国家，通常倒挂在树上栖息。马来大狐蝠虽然长相丑陋，但它们是果蝠的一种，不喜欢吃肉，也不吸血，最喜欢吃各种植物的果实，是典型的**素食主义者**。

大狐蝠

　　世界上最小的蝙蝠是**凹脸蝠**，它们的体形很小，跟我们人的手指差不多大小，翼展仅 8 厘米，体重仅 2 克多，生活在泰国的石灰岩洞穴内。它们也是世界上体形最小的哺乳动物之一。

　　但是，世界上最大和最小的蝙蝠面临着一个共同的问题——濒危。马来大狐蝠，由于经常被当地居民抓来食用，种群数量下降明显，如果不加以保护，很有可能在未来 80 年内彻底灭绝。

　　凹脸蝠的情况则更为严重，目前估计野外的凹脸蝠数量仅 200 只左右，并且由于它们体形太小，很容易被天敌捕食，再加上人类滥砍滥伐破坏了它们的栖息地，现状不容乐观。

呆萌的伏翼

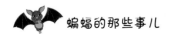

三、蝙蝠的栖息地

栖息在树枝上的蝙蝠

　　总的来说，蝙蝠适应环境的能力很强，所以它们的栖息行为也呈现多样性。大部分蝙蝠都是群居性的，并且非常"恋家"。它们一般会在自己的栖息地度过一生中的大部分时间，这种栖息习性影响了蝙蝠的分布、密度、迁移、繁殖等问题。

　　选择合适的栖息地对于蝙蝠来说有很多好处，比如可以抵御恶劣气候、防御外来侵袭、在体温调节中节省能量、增加交配机会、改善母亲的哺育环境、躲避天敌等。

　　你知道吗，蝙蝠所选择的任何栖息地都有其**独到之处**，在我们人类意想不到的很多地方都可以发现它们的踪迹。

大蹄蝠

　　合适的洞穴是绝大多数蝙蝠的首选之地，那里相对稳定，有些蝙蝠甚至可能会选择世世代代栖息于此。像我国喀斯特地貌发达的地区，比如贵州、广西、广东、云南等，天然的溶洞特别多，就为蝙蝠提供了丰富的栖息地。

　　除了天然洞穴，它们也喜欢选择废弃的矿洞、防空洞、水利洞等相对稳定的居所。这些洞穴有一些共同的特点，比如温度、湿度相对恒定，外界干扰较少，周边植被环境较好并且食物丰富，等等。

　　还有些蝙蝠体形偏小，易于藏身，所以喜欢栖息在洞穴外的岩石缝隙中。虽然岩石缝隙的气候不算稳定，但相对来说，外出飞行的耗能也要少于在洞穴内，因此更利于蝙蝠外出觅食和迁移。

眼镜狐蝠

　　还有一大类是**树栖型蝙蝠**，这类蝙蝠喜欢栖息在树上某个不起眼的地方。研究发现，树皮下、树叶簇中、树干和树枝的空洞里都有它们的踪影。

　　比如，当你留心巨红杉时，可能在粗厚的树皮下发现欧洲伏翼的单个雌性个体，它们的颜色与树皮非常接近；在桤（qī）木树皮下也可能会发现少量的水鼠耳蝠和长耳鼠耳蝠。印度的一种社鼠耳蝠雌体群，夏季栖息在心果山核桃树的树皮下；到了冬季，它们则选择树皮更厚的粗皮山核桃树为栖息地。还有个头娇小的非洲扁颅蝠，以及体形大的温氏长耳蝠都喜欢栖息在树皮下。

　　对于树叶簇这种短暂的栖息地，蝙蝠就很随意了，可能只是利用十天半月，一般随时会来又随时离开，住到哪里就吃到哪里。它们多为单个个体或相对小的群体，在热带较为多见，最擅长利用身体与周围环境相似的颜色来加以伪装。

斑蝠

　　树干和树枝的空洞为蝙蝠提供了更加舒适、安全的栖息场所。这些空间无论在耐久性还是保温性上都比树皮的缝隙要稳定，因此在热带或温带地区都被蝙蝠广泛利用。在热带，许多树干因腐烂而形成大洞，洞内的温度和湿度相对稳定，如猴面包树和大榕树的树洞就是有些蝙蝠首选的栖息场所。

　　一些大的食肉假吸血蝠，比如非洲假吸血蝠，还有我国南方分布的大黄蝠等，可以形成几只到几十只不等的群体，栖息在树洞内；小型的蝙蝠如扁颅蝠和伏翼类，也可以利用竹筒作为栖息地。这些地方也是蝙蝠完成交配、生育和哺育幼仔的场所。

　　更让人意外的是，一些人造结构的栖息场所如隧洞、坟墓、房屋、石造建筑物和石桥缝隙等，也成为蝙蝠的选择。因此，只要有人造建筑物的地方，就可能有蝙蝠，这些**伴人居型蝙蝠**与人类能够和谐相处。

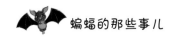

四、蝙蝠的食性

蝙蝠的食性与其他哺乳动物一样呈现多样性。研究发现，蝙蝠食谱广泛，不仅会捕食昆虫、鸟类、鱼类，也会食用血液、腐肉、水果、花、花蜜、花粉以及簇叶等。

绝大多数蝙蝠（70%）主要以昆虫为食，但它们也会食用蜘蛛、蝎子、甲壳（qiào）动物以及其他节肢动物等。

大多数食虫的小型蝙蝠体形小并且以翼捕食，较小的体形使得它们灵活而敏捷，这样更易于捕获通过短程回声定位而发现的飞虫。

若昆虫体形较大，蝙蝠则需要较长时间捕获、征服和进食，这一系列活动要消耗相当多的能量；若昆虫体形太小，又难以满足蝙蝠每日的能量需要。因此，体形大的蝙蝠通常选择体形大的昆虫，体形小的蝙蝠则通常选择体形小的昆虫。

炎热的夏季，蚊子让很多人都苦不堪言。你知道吗，研究发现，一只蝙蝠每小时可以捕获多达 1200 只蚊子，堪称"捕蚊高手"。

食虫的蝙蝠

　　除了捕食昆虫的蝙蝠外，还有一些蝙蝠是**食肉蝙蝠**，它们通常以小型脊椎动物（包括鱼类）作为主要食物。但是，目前并没有确定的、专一的食肉蝙蝠，大多数蝙蝠的食谱都很广泛，不仅吃肉，也会吃其他的东西。

　　目前已经证实的食肉蝙蝠超过 10 种，常见的 4 种属于假吸血蝠科，分别为印度假吸血蝠、马来假吸血蝠（印度和东南亚）、非洲假吸血蝠（东非）、澳洲假吸血蝠（澳大利亚），它们都不是小型蝙蝠（体重均超过 20 克），易于捕捉和携带稍大型的地面生活的猎物。

　　研究还发现，我国有些南蝠除了食虫之外，也会捕食其他小型脊椎动物如小鸟；而印度假吸血蝠则被发现捕食与它们栖息在一起的其他小型蝙蝠。

　　还有一大类**植食性蝙蝠**，它们更喜欢食用植物的果实、花粉和花蜜。推测可能是它们的祖先在食用水果、花朵中的昆虫时，逐渐对果实和花蜜产生了兴趣。

果蝠

　　食鱼蝠是一类特殊的群体。顾名思义，这类蝙蝠喜欢捕鱼吃鱼，它们可能是由食虫的蝙蝠在捕食水面昆虫的过程中进化而来的。同食肉的蝙蝠一样，食鱼的蝙蝠也会吃昆虫。

　　来自美洲热带和亚热带地区的 2 种蝙蝠——**兔唇蝠**（重 60 克）和**索诺拉鼠耳蝠**（重 25 克），已经被证实是食鱼蝠。我国的大足鼠耳蝠也在 21 世纪初被国内学者证实能够捕鱼。

　　这些食鱼的蝙蝠都有利于捕鱼的长腿、大足和能钩住鱼的尖而长的爪子。较大的翼展比使它们水面飞行更高效，能充分利用长翼通过贴近水面飞行将鱼从水中抓起。它们还都有一个低的翼载，可以适应缓慢飞行和捕食较大的猎物。

食鱼的蝙蝠

还有一个我们人类非常关心的问题：传说中的**"吸血蝙蝠"**是否真的存在？蝙蝠到底是否会吸血呢？

现有的研究表明，全世界仅有3种蝙蝠是会真正吸血的，它们属于叶口蝠科的一个亚科——吸血蝠亚科。到目前为止，最常见的是普通吸血蝠，它们广泛分布于新大陆热带和亚热带地区以及美国南部。另外两种为白翼吸血蝠和毛腿吸血蝠，并不常见。

毛腿吸血蝠喜欢吸食鸟血，普通吸血蝠则偏好吸大型哺乳动物的血，如家养的马、牛、猪等。在某些地区，也曾偶尔出现吸血蝠对人发起攻击的报道。

五、蝙蝠的天敌

科学家研究了很多蝙蝠的天敌，如猛禽、蛇、猴子、鼬（yòu）、浣熊以及蜘蛛等，发现蝙蝠的天敌虽多，但专一性捕食蝙蝠的天敌目前并不存在。

蝙蝠离开洞穴时最容易受到来自空中的袭击，比如白头海雕、猫头鹰、鹰、隼、鹗（è）都会捕食蝙蝠，它们一般能够掌握蝙蝠离洞的时间，通过冲击蝙蝠群，把成群飞行的蝙蝠冲散后对落单的个体进行追击。

被捕获的蝙蝠通常被猛禽带到木头上吃掉，但有的猛禽为减少攻击时间，会在空中直接吃掉蝙蝠，以便更快地进行下一次攻击。一次这样的成功捕食能满足猛禽每日食物需求的50%。

飞翔的鹗

我国广西有上百万只的皱唇蝠，几乎每天晚上都有猛禽对它们进行袭击。来自天空的雕鸮（xiāo），在夜幕还没有完全降临时袭击外出的蝙蝠；猫头鹰则一般栖息在蝙蝠洞口，伺机攻击洞内的蝙蝠。

我国最常见的捕食蝙蝠的蛇是百花锦蛇。这种蛇傍晚时分盘踞在蝙蝠洞口上方，将上半身悬于空中，采取守株待兔的方式突袭飞出洞口的蝙蝠。

国外也有类似的情况出现，比如目前已经知道在美国得克萨斯州，有几种猛禽能够预知蝙蝠的出现，并大量捕食巴西犬吻蝠。在英国，猫头鹰是蝙蝠的唯一天敌，尽管它们只捕食少量蝙蝠，但仍然会造成蝙蝠种群10%的死亡率。在拉丁美洲和非洲，至少有5种蛇捕食栖息于洞穴和树洞内的蝙蝠。

雕鸮

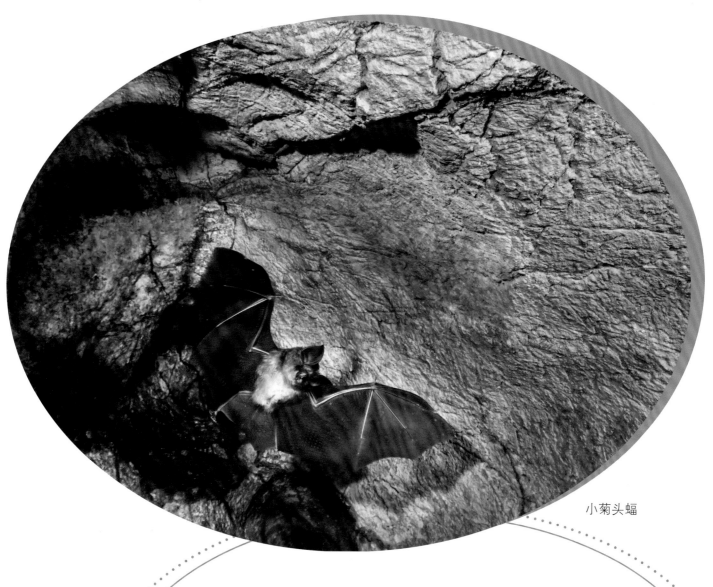

小菊头蝠

　　为了躲避被捕食的命运，小群体蝙蝠通常选择集体推迟离洞的时间，或者以大群体集体离洞的方式外出觅食，这样既增加了自己捕到食物的机会，又降低了被天敌捕食的风险。

　　由于昆虫活动高峰是在傍晚的早期，因此较早离洞对蝙蝠的捕食是比较理想的。但这又无形中增加了被捕食的风险，所以蝙蝠的离洞时间是蝙蝠群体经历无数次的危险后总结出来的最恰当的时间。

　　猛禽对蝙蝠的攻击大约一半是成功的，其中，攻击动作完成的时间是影响捕食成功率的重要因素。若蝙蝠出现的时间是 10 ~ 30 分钟，猛禽捕食则必须在 0.5 ~ 5 分钟内完成。

　　集群外出对躲避天敌捕食有重要意义，特别是当来自空中的天敌数量较少时尤其如此。比如美洲暮蝠在绝大多数情况下采取 10 只以内的集群方式离洞，当晚没有成功觅食的雌性蝙蝠会跟随其他蝙蝠再次离洞寻找机会完成觅食。

　　普通伏翼的社群行为在它们离洞的方式中得到了一定程度的体现。蝙蝠离洞飞行时大多沿同样的方向，7 只以下集群同向飞行是最为常见的，这种行为和蝙蝠的觅食策略有关，同时可能也是为了躲避天敌。

知识早知道

社群行为是指同种动物间或异种动物间的集体合作行为。

白头海雕

六、蝙蝠的日活动节律

　　每个物种都有自己特殊的生活方式，蝙蝠也不例外。它们的日常生活有着精确的生物钟。

　　蝙蝠一般在黄昏和黎明时段最为活跃，而白天的大部分时间它们都在睡觉或进行各种社群行为。

　　蝙蝠的体内有良好的产热（颤抖产热）和散热结构（翼膜），使得它们能通过自身调节来维持体温，进而保证飞行活动中的能量消耗。

　　蝙蝠最大的能量来源就是食物。一般情况下，蝙蝠每个夜晚都必须捕获足够的食物，只有这样它们才能获得坚持到第二天夜晚所需的能量。

斑蝠

蛰伏的蝙蝠

　　在其他的不同时间里，蝙蝠会进行自我梳理、照顾幼仔、领域防御、吸引配偶等活动，这些活动都会有不同程度的能量消耗，此时的蝙蝠需要保持体温稳态，也就是说，需要保持环境温度之上的恒定体温。

　　当然，大部分蝙蝠在白天栖息时，始终保持一种蛰伏状态。此时蝙蝠的新陈代谢是缓慢的，体温也会降低至接近环境温度，能量消耗很少。

科学家推测，大部分蝙蝠依靠外界光线的变化来确定自己的行动时间。

一方面，良好的生物钟对蝙蝠来说非常重要，由于蝙蝠聚集高峰出现在黄昏和黎明，所以如果蝙蝠此时正在休眠，就可能会错过集体觅食活动。

另一方面，它们也不想苏醒太早，以免白白浪费能量。所以，蝙蝠都有很准确的生物钟，使得它们即使在洞穴深处也能知道什么时候该苏醒，什么时候该出去觅食。但是，栖息在洞穴深处的蝙蝠到底是如何感知外部光线的，目前仍是一个未解之谜。

蝙蝠为了躲避天敌，通常选择夜晚外出觅食。不同体形的蝙蝠，外出觅食持续的时间都不相同。体形较小的蝙蝠，外出觅食持续的时间相对较短。比如伏翼类（重 5 克）的觅食持续时间约为 30 分钟，而小黄蝠（重 20 克）的觅食持续时间则需要 1 个小时左右。

褐长耳蝠

皮氏菊头蝠

蝙蝠倒挂着睡觉是因为什么呢?

大部分蝙蝠在洞穴内是倒挂着睡觉的,这与它们的起飞有关。蝙蝠不能像鸟类那样,通过奔跑助力起飞,因为它们的后足退化,不够强壮。因此,蝙蝠通常倒挂在洞顶,当需要起飞时,放开爪子下坠一段距离就可以顺利起飞了。

蝙蝠倒挂的另一个原因是远离冰冷的洞壁更利于保持自身的体温。

蝙蝠倒挂着是否需要消耗能量呢?蝙蝠后足有一个反肌腱,倒挂的时候,靠这个反肌腱,以自身重量为力量,就可以使得后足的爪子牢牢钩住岩壁凸起。要起飞的时候,蝙蝠只需要用力提一下自己的身体,放开反肌腱,就可以脱离岩壁了,这个过程并不消耗自身的能量。

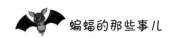

七、蝙蝠的冬眠

蝙蝠除了昼伏夜出的日活动节律之外，还有年活动节律。

一年之中，蝙蝠是否会有冬眠这种奇妙的现象呢？答案是肯定的。

现有的研究表明，除了果蝠之外，大部分食虫的蝙蝠均有冬眠的习性，而且是一种**完全冬眠**的状态；但在热带或南亚热带地区也有部分食虫蝙蝠不冬眠，或者出现**半冬眠**的现象。

在不同纬度地区，蝙蝠冬眠的开始时间和结束时间有所不同。比如我国广东的蝙蝠一般是在每年11月下旬开始陆陆续续进入冬眠，来年3月中下旬结束冬眠；而北京的蝙蝠则在10月中下旬就开始冬眠，来年4月下旬才会结束冬眠。

鼠耳蝠

与完全冬眠不同，半冬眠蝙蝠在冬眠过程中是会外出觅食的。生活在我国广西龙州县的扁颅蝠和伏翼就是如此，冬季黄昏的气温在 16 摄氏度以下，栖息在竹筒内的扁颅蝠和栖息在房屋内的伏翼就会停止捕食，有时候会持续 10 天左右；但是一旦黄昏气温超过 16 摄氏度，就会有部分的扁颅蝠和伏翼出来觅食；18 摄氏度以上时，则全部都出来觅食了。

蝙蝠选择用来冬眠的洞穴，通常会有水，因为它们冬眠中途苏醒的时候，需要喝水。

亚洲长翼蝠

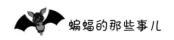

八、蝙蝠的迁徙

飞行的狐蝠

最早的时候，人们认为蝙蝠是不**迁徙**的。但随着研究的深入，科学家发现某些种类的蝙蝠也会同鸟类一样进行漫长的季节性迁徙，如美国得克萨斯州的巴西犬吻蝠以及分布在我国南方地区的棕果蝠。

目前国内对蝙蝠迁徙的研究相对很少。有国外科学家对分布于北美洲和欧洲温带地区的蝙蝠种类的迁徙行为进行了深入研究，发现山蝠属、蓬毛蝠属、伏翼属等许多种类都进行季节性迁徙，总距离可以超过 1700 千米，一般为南北方向。多数迁徙是在夏季栖息地与冬季冬眠地之间进行。

某些种类的蝙蝠会进行较短距离的迁移，不一定是南北方向，但一般也是在夏季栖息地与冬季冬眠地之间进行。

知识早知道

迁徙是指随着季节的变化，生物定期沿相对稳定的路线，在繁殖地和越冬地（或新的觅食地）之间做远距离移动的过程。

迁移是指生物在栖息地之间进行的短距离移动过程。

马铁菊头蝠

树栖型蝙蝠经常会出现迁移行为，因为天气寒冷时树洞的温度和湿度不太稳定，所以不是一个冬眠的好地点。如**欧洲山蝠**（重30克），在秋季会远离寒冷的内陆，迁移到受大西洋暖流影响而更暖和的南方或西南方地区。

蝙蝠种群一般是尽量跨越最短的距离到达冬眠地，如果它们迁徙的距离过远，到能达到的最南方，那可能会因为路上花费太长时间而只能进行一个短暂的或名不副实的冬眠期。

蝙蝠对夏季的栖息地有很强的记忆力。长距离的飞行，也要消耗相当多的能量。因此，导航必须精确，飞行才会更高效。科学家已经知道蝙蝠主要利用**视觉**和**回声定位**两种方式，但哪一种对远距离的迁徙更有用，蝙蝠具体是怎么实现导航的，还需要未来更多的研究。

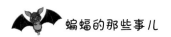

九、蝙蝠的繁殖方式

亚洲长翼蝠

　　蝙蝠属于胎盘类哺乳动物。交配受精后，受精卵会植入子宫。随后，胚胎在特定的妊娠周期中完成发育过程，其间所需的营养物质均由胎盘供应。蝙蝠幼仔出生后食用母乳慢慢长大。

　　大部分蝙蝠一年中只有一个繁殖周期，即一年只动情一次。这种繁殖周期是精确地受时间调节的，有时受孕可以推迟，以便在雨季食物丰盛的时刻繁育。

　　生活在短暂夏季的高海拔地区的蝙蝠，它们的幼仔必须在一年中的早些时候出生，只有这样才能使其在冬季开始之前有足够的时间完成整个发育过程。雌蝙蝠在妊娠期和泌乳期要求食物供应较充足，幼仔则要尽快断奶，从而使母亲和幼仔都有时间在体内贮存足够的用以过冬的脂肪。

在稳定的热带气候条件下，蝙蝠的繁殖方式更加丰富多样。多数热带物种在一年中具有 2 个甚至 3 个动情周期，即多次动情，而且这些周期还可能是连续的，如北非果蝠和大长舌果蝠。多次动情的蝙蝠，一年产仔多次，而繁殖高峰期可能出现在食物最丰富的季节。

一般来说，体形越大的蝙蝠，妊娠期越长，其变化范围在 40 天到五六个月不等，吸血蝙蝠的妊娠期甚至长达 8 个月之久。对于体重 5 ~ 8 克的蝙蝠来讲，40 ~ 50 天的妊娠期已经很长了。

蝙蝠的胎儿生长率与灵长类动物相似，是哺乳动物中最慢的，这可能主要是与蝙蝠蛰伏时代谢率通常比较低有关。

亚成年蝙蝠

大耳蝠

　　妊娠期结束，蝙蝠会和其他哺乳动物一样进入分娩阶段。目前已知的蝙蝠中，大多数采用竖直或水平的姿势完成分娩，但也有可能会在它们的栖息地倒挂时分娩。分娩过程中，它们的翼膜和尾膜一般会成为托包幼仔的"小摇篮"。

　　刚生出的幼仔体重只有其母亲体重的 20% ~ 30%，但在一些特殊种类中会高达40%。蝙蝠 1 胎通常产 1 仔，也有双胞胎，甚至 3 ~ 5 仔的情况出现。

　　刚出生时，大蝙蝠亚目的幼仔全身被毛，眼睛睁开，并且很警惕。多数小蝙蝠亚目的幼仔出生时全身裸露，眼睛不能睁开。然而它们的皮肤会很快产生色素沉积，长出毛发，眼睛也会在几天内睁开。

　　蝙蝠为何会产出如此大的幼体呢？科学家推测可能是因为蝙蝠完善的体温调节能力，以及雌蝙蝠不愈合的髋骨等因素。

　　所有蝙蝠在出生时就已有乳齿，并且能很快找到母亲的乳头并牢牢抓住。它们还具有攀爬并紧贴母亲的能力，但却显得相对弱小无助。

　　幼仔的首飞时间也是各不相同的，物种之间差异较大，比如大蝙蝠亚目的果蝠在 9 ~ 12 周龄时开始飞行，在 15 ~ 20 周龄断奶；小蝙蝠亚目需要的时间则相对较短。

　　大体形的蝙蝠在它们能飞翔之前，翼必须长到与它们的成体大小相近才可以，这往往要花费 2 ~ 3 周的时间才能达到。

　　无论大蝙蝠还是小蝙蝠，其性成熟通常需 1 ~ 2 年。一些大蝙蝠的雌性个体可能只需 3 个月就能达到性成熟。另外，大部分种类的雌性的性成熟要早于雄性。

毛翼管鼻蝠

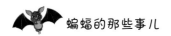

十、蝙蝠的回声定位能力

蝙蝠是出了名的"黑夜行者"。寂静的夜晚，大多数动物都进入睡眠状态，而蝙蝠却恰恰相反。在黑夜中觅食，难度可想而知，蝙蝠到底是如何实现的呢？答案是借助它们的回声定位能力。

那么，究竟什么是回声定位呢？简单的定义是：一种动物对自身发射声波的回声的分析，通过这种分析来建立周围环境的声音 - 图像系统，从而判断自身所处环境的位置。

回声定位并不是蝙蝠所特有的，但在所有具有类似功能的哺乳动物中，蝙蝠的回声定位能力无疑是最棒的。蝙蝠会发出尖锐的声音，再用灵敏的耳朵收集周围传来的回声。回声会告诉蝙蝠附近物体的位置和大小，以及物体是否在移动。回声可以帮助蝙蝠在黑暗中找到方向以及捕捉猎物（如飞行中的昆虫）。

大蹄蝠

与其他哺乳动物一样，蝙蝠也通过喉部发声（大蝙蝠亚目的果蝠属则是通过敲击舌头发声）。小蝙蝠的喉部相对大一些，空气流通过声带使其振动，通过调节声带的紧张程度来改变声波频率。小蝙蝠也必须有很好的听力，因此它们通常具有大的外耳或耳郭。

蝙蝠能自主选择猎物吗？某些野外的研究发现，许多蝙蝠对昆虫的大小进行了选择，即体形较大的蝙蝠选择了较大的昆虫，几乎忽视了随处可见的小型昆虫。也就是说，蝙蝠是根据自身体形大小来选择适合的昆虫的。而小型蝙蝠面对大型昆虫，在处理时也是力不从心的。

视觉是一种低能耗的感觉方式，因为用于观察物体的光线来自太阳，并不需要动物本身的能量。但蝙蝠的回声定位代价是相当大的，此时的能量消耗为蝙蝠休息时能量消耗的 10 倍之多。

犬蝠

十一、蝙蝠携带的病毒

　　很多野生动物都是病原体的天然宿主，蝙蝠也是如此。几千年漫长的进化史使得蝙蝠成为著名的"病毒样本库"，甚至以"毒王"著称，人们纷纷避之，原因何在？

　　科学家研究证实，从现存的蝙蝠中，已经发现并命名了超过 180 种病毒，还有很多病毒是未被命名的。我国目前已发现的 135 种蝙蝠中，也被证实携带有狂犬病毒、丝状病毒、冠状病毒、乙型脑炎病毒、腺病毒、星状病毒等多种类型的病毒。

　　近年来，国内、国际几次大的公共卫生事件都被科学家证实与蝙蝠相关，蝙蝠一次次被推上了风口浪尖，如 2003 年的"非典"（严重急性呼吸综合征，SARS）、2012 年的中东呼吸综合征（MERS）。经过科学家的不懈努力，基本确定了蝙蝠是冠状病毒的自然宿主，但中间宿主具体有哪些（目前猜测有果子狸、蛇、穿山甲等），到底是如何传播给人类的，疑问依然很多，需要各国科研人员基于事实做出科学、专业的印证。

穿山甲

果子狸

以 2003 年的"非典"为例，疫情暴发以来，科学家经过十多年的研究，基本确认来自云南的中华菊头蝠携带的类 SARS 冠状病毒与人感染的 SARS 冠状病毒最为相似。

蝙蝠的类 SARS 冠状病毒是如何传播给人类的呢？关于传播途径的研究是很困难的，主要原因是不可能再重演疫情的暴发过程，目前推测有两条途径得到了学者的普遍认可：

第一，云南的中华菊头蝠将病毒传播给了果子狸，这些果子狸被运输到广东后病毒发生突变，突变后的病毒正好具有了传播给人类的能力。

第二，云南的中华菊头蝠被贩卖到广东，在贸易市场内与果子狸近距离接触时将病毒传播给了果子狸，病毒在果子狸体内突变后传播给人类。

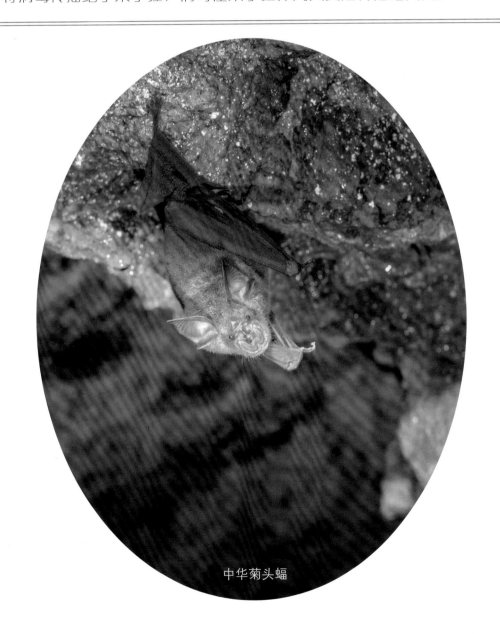

中华菊头蝠

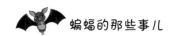

　　2012 年 9 月起暴发的中东呼吸综合征（MERS），起源地为沙特阿拉伯，随后扩散到其他国家，从患者体内分离出来的 MERS 冠状病毒与 SARS 冠状病毒也非常相似。

　　MERS 冠状病毒与蝙蝠体内的冠状病毒最为接近，但是截至目前尚未找到确凿的证据，能坐实病毒源头确实来自蝙蝠。

　　目前科学家猜测单峰驼可能为此次事件的中间宿主，原因是患者的流行病学调查结果显示，许多患者在发病前曾到过当地的农场。在中东地区，骆驼是人们非常重要的交通工具，不可能全部扑杀，所以，MERS 当时很难在短期内得到很好的控制，传播较为严重。

单峰驼

2019 年底，我国湖北省武汉市暴发的新型冠状病毒肺炎（COVID-19）疫情，再次给人类敲响了警钟。基因组比对结果显示，2013 年采自云南的中华菊头蝠样品所携带的病毒与此次新型冠状病毒（SARS-CoV-2）的相似度极高，虽然未能锁定自然宿主，但是仍为我们今后的溯源研究指明了大致的方向。新型冠状病毒是如何传播的？中间宿主是什么？科学家正在全力开展相关的研究工作。

马铁菊头蝠

除此之外，研究也证实，蝙蝠也携带了我们经常听说的狂犬病毒。在庞大的蝙蝠家族中，只有吸血蝠是狂犬病毒的常见媒介生物。我们都知道，狂犬病是一种传播范围广而且十分危险的疾病，通过吸血蝠传播给人类的狂犬病在拉丁美洲的一些地区曾经经常出现，但随着当地公共卫生状况的改善，病例已日益减少。

人们在日常生活中，其实很少会遇到蝙蝠的突然袭击，更可能是从驯养或野生的食肉动物那里传染上了狂犬病毒。当然，若在野外意外被蝙蝠咬伤时，也应马上接种狂犬病疫苗，以免有生命危险。

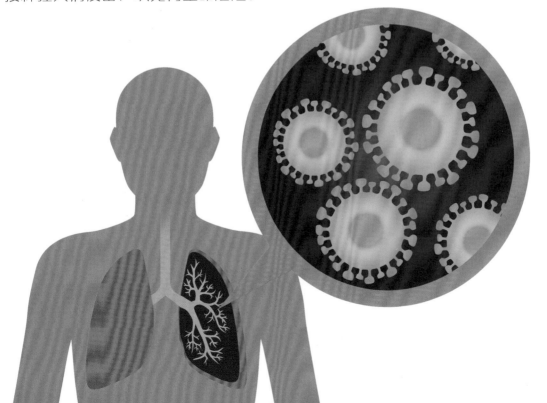

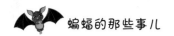

十二、蝙蝠独特的免疫系统

与其他动物相比，蝙蝠携带的病毒确实比较多，但是，携带这么多病毒的蝙蝠自身却几乎不发病，它们是否具有什么独特的本领呢？蝙蝠看起来似乎并不在意各种病毒的入侵，日常生活也未受到任何影响。不仅如此，研究还发现，蝙蝠的寿命可长达20 ~ 40年，完全超乎我们的想象。

科学界对此也做了多种推测和研究，目前尚无统一的定论。

有科学家提出，蝙蝠飞行时体温能达到40摄氏度，处于"发烧"状态，是为了利用自身高温来杀死病毒从而达到抑制病毒复制的目的，但这也只是推测。因为鸟类等其他动物的体温也很高，但携带的病毒却不多，如雨燕，体温可达44摄氏度。

此外，科学家认为蝙蝠的DNA（脱氧核糖核酸）修复机制非同寻常。蝙蝠飞行需要保持较高的能量代谢水平，耗能非常大，在代谢过程中产生的某些分子会引起DNA损伤以及细胞凋亡。但是蝙蝠在漫长的进化过程中完善了自身的DNA修复机制，以保证活动所需的高能耗。

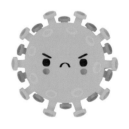

长耳蝠

皮氏菊头蝠

　　另一种观点认为，蝙蝠具有一个高度平衡的自身免疫系统。这种独特的免疫系统可以根据自身需要时强时弱，但具体的作用机制尚不明确。

　　比如，蝙蝠在冬眠时，体温可以降低到接近环境温度，有些种类的体表温度甚至可以降到零下 9 摄氏度；大部分洞栖蝙蝠冬眠时体表温度可能在 15 ~ 20 摄氏度；但是，蝙蝠在飞行时体温高达 40 摄氏度。因此，蝙蝠强大的自身免疫系统，使得蝙蝠在需要时，能够进行强有力的防御，可以适应自身体温的大范围变化。

　　与此同时，蝙蝠的免疫系统该弱则弱，这样可以减少免疫系统反应强烈对自身的损害。比如，可以通过降低炎症反应，使得蝙蝠的免疫系统在面对病毒入侵时，降低蝙蝠对病毒的敏感性，自身就不至于出现明显的炎症风暴，从而避免自身发病的危险。

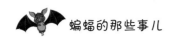

十三、蝙蝠的作用

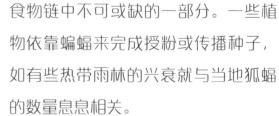

近年来，因为几次大型公共卫生事件，蝙蝠被很多人误以为是有害的动物，是疾病的传播者，是建筑物或农作物的破坏者。这些观点都是错误或片面的。事实上，蝙蝠很少主动给人类带来严重的问题，实际上是人类的某些不良行为间接导致了疫情的暴发。

蝙蝠是生态系统的重要组成部分，在维护大自然生态平衡中有着特定的作用。对于节肢动物而言，它们是捕食者，食虫的蝙蝠能消灭大量蚊子、夜蛾、金龟子等害虫。在欧洲，蝙蝠几乎是夜行性昆虫的唯一天敌，如果没有蝙蝠，则需要用大量的杀虫剂来消灭这些害虫。

对于其他脊椎动物而言，蝙蝠是被捕食者，它们也有自己的天敌，是食物链中不可或缺的一部分。一些植物依靠蝙蝠来完成授粉或传播种子，如有些热带雨林的兴衰就与当地狐蝠的数量息息相关。

除此之外，蝙蝠在很多方面也丰富了我们的生活，而且随着对蝙蝠的深入研究，科学家发现蝙蝠具有很高的医学科研价值和经济效益。

蝙蝠的粪便是重要的、经济的农业肥料。蝙蝠粪便中含有氮及大量微量元素，能促进植物生长，因此许多热带国家的人会专门收集蝙蝠粪便来做农作物的天然肥料。

医学研究发现，从吸血蝠唾液中提取的抗凝血蛋白质，溶解血栓的速度比目前临床上所用的药品快一倍，这对血栓患者的治疗有很大的意义。

蝙蝠的回声定位在民用和军用两方面都有很好的**仿生学意义**。民用方面是"蝙蝠盲杖"的研发，造福于盲人，让盲人行动更加自如。军用方面则用于雷达精度的提升。蝙蝠除了可以定位猎物位置，还能够获知猎物质地（如软硬度），如果军用雷达能向蝙蝠的精确度靠近，将会极大地提高性能。

中华山蝠

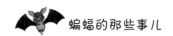

东亚伏翼

生态环境的破坏对许多动植物来说都是致命的。现今，世界上绝大多数物种都面临着不同程度的生存危机，蝙蝠亦不例外。在世界上的很多地方，由于栖息地的破坏和丧失，蝙蝠的自然食物减少，加之疾病以及猎杀等原因，许多种类的蝙蝠数量骤减，甚至处于濒危状态。

蝙蝠常栖息在洞穴、废矿井和树洞中，也生活在人造建筑物处，诸如屋檐下、旧式教堂等。许多地方为了吸引游客，改造洞穴作为旅游景点；开矿、封闭旧矿井或往里面填埋垃圾，进行林地清理（砍伐山洞附近的林木、清理蝙蝠用作栖息的死树）、建筑物改建等等，这一系列行为，都会导致蝙蝠因失去栖身之所而大量死亡。

有时人们为了在蝙蝠的栖息地收集粪便，也会捕杀蝙蝠；若恰巧惊动了正在冬眠的蝙蝠，会使它们过早耗尽脂肪，让许多蝙蝠没有等到春天的到来便已死亡。

此外，大量事实表明，蝙蝠在世界上的一些国家和地区常被捕食、买卖。比如在关岛，人们大量捕食大蝙蝠并将其出口到其他国家。

杀虫剂的使用对蝙蝠也是一大威胁。蝙蝠体内积累的毒素会破坏幼蝠神经系统的发育，大规模的幼蝠死亡，种群难以恢复。

近年来，我国禁止了蝙蝠的捕食买卖，但惊扰蝙蝠、伤害蝙蝠的事件仍时有发生。近20年来，我国蝙蝠种群数量下降了近一半，以前傍晚时随处可见蝙蝠在空中飞翔，现在它们却难觅踪迹。

如果我们人类还是执迷不悟，不能更好地开展蝙蝠保护行动，那么有朝一日，蝙蝠也可能会如恐龙一般彻底灭绝。

十五、蝙蝠在中西方文化中的差异

在中国传统文化中，蝙蝠是福气、长寿、吉祥、幸福的象征。因"蝠"与"福"谐音，并且蝙蝠通常是倒挂着的，所以，我国古人将蝙蝠形象地比喻为"福到"。

中国古代的建筑物，比如门、窗以及家具和瓷器上面，就出现了不少蝙蝠图案。例如，两只蝙蝠并在一起，寓意"双重福气"；五只蝙蝠称"五福临门"；童子捉蝙蝠放到瓶中，为"平安五福"；蝙蝠飞到纸上停留，是"引福归堂"；等等。其中，尤以"五福临门"最为常见。

千百年来，蝙蝠图饰也备受人们喜爱，在中国吉祥图饰中占有极为重要的地位。图饰多种多样，蝙蝠形态也各不相同，有形象化的蝙蝠，也有抽象化的蝙蝠，有的与图形相结合，有的与文字相呼应，显得妙趣横生。

在西方文化中，蝙蝠的意义则与中国文化中完全不同。在西方，蝙蝠被认为是一种邪恶的生物，因为蝙蝠喜欢阴暗的地方，通常集群生活，昼伏夜出，加上外表比较丑陋，所以被宣传为恐怖的象征。

蝙蝠还常常与女巫的形象同时出现，也是一种邪恶的意象。我们在西方万圣节的宣传画中经常可以见到蝙蝠的身影。

为何蝙蝠会在中西方文化中有如此大的差异呢？这与历史文化背景、宗教信仰等多种因素有关。

十六、保护蝙蝠，全世界在行动

目前，我们对于蝙蝠的认识与研究还远远不够，太多的蝙蝠物种还未被发现和了解。若它们从此永远消失在地球上，岂不可悲？

近年来，越来越多的科学家与志愿者意识到生态保护的重要性与必要性，纷纷加入保护蝙蝠的行动中。1982 年，国际蝙蝠保护协会成立，目前汇集了全球 50 多个国家的上万名会员，其目标之一就是通过宣传教育使更多的人了解保护蝙蝠的重要性和必要性。

世界自然保护联盟的物种生存委员会（SSC）有一个翼手类专家组，是由 100 多位研究蝙蝠的权威人士组成的联合网络。这个团体承担一些蝙蝠保护项目，并为蝙蝠保护制订主要的方针、策略和行动计划。

华南水鼠耳蝠

目前，国际上还有两个专门为保护蝙蝠而成立的慈善机构，其成员都是热心于蝙蝠保护的专家和业余爱好者。他们会定期组织开展各类活动，包括教育活动、保护实践等；他们负责主要的蝙蝠立法和保护项目，印制调查技术指导手册、蝙蝠房屋建筑和设置手册；他们还制作了幻灯片、教育材料及蝙蝠鉴别指导类书籍；等等。这些科普宣教活动成功地使蝙蝠更客观、更广泛地被公众所接受。

在英国，由于志愿者们的积极活动，大部分房主知道了不仅要接受蝙蝠而且要爱护它们。在美国，蝙蝠已成功地接受了人们提供给它们的蝙蝠箱、蝙蝠房，作为替代的人造栖息地。

亚洲长翼蝠

　　我国的翼手目研究与保护工作起步较晚，但是我们的学者在学习和借鉴国外优秀成果的同时，也在努力开展国人自己的研究与保护工作。

　　1983年12月23日，经国务院批准，中国野生动物保护协会在北京成立。其宗旨是推动中国野生动物保护事业可持续发展，促进人与自然的和谐。该协会在保护野生动物及其栖息地方面做出了极大的努力，也获得了很好的效果。

　　1999年6月，中国动物学会兽类学分会成立了翼手类专家组，其宗旨就是研究与保护中国翼手目动物，通过开展学术交流和宣传保护活动，积极推动中国野生动物研究与保护事业。

中华鼠耳蝠

　　翼手类专家组联合了许多保护蝙蝠的有识之士，他们当中有科研工作者、大学教师、林业系统和保护区工作者，以及众多积极致力于此项工作的人。在国际爱护动物基金会（IFAW）的资助下，专家组会不定期出版《蝙蝠通讯》，交流蝙蝠的相关知识，提高大家的认知。

　　新型冠状病毒肺炎疫情发生后，中国野生动物保护协会发出倡议：摒弃滥食野生动物的陋习，管住自己的嘴；非必要情况下，拒绝直接接触野生动物，与其保持安全距离；发现野生动物非法交易市场和违法行为，立即向当地主管部门或执法部门举报。

大耳蝠

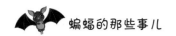

结　语

蝙蝠是一种古老又神秘的生物,

蝙蝠的身上还有太多未解之谜等待着我们去一一发现。

保护蝙蝠, 拒绝滥杀滥食, 其实是在保护人类自己。

野生动物是人类的朋友,

野生动物是自然生态系统的重要组成部分,

野生动物是大自然赋予人类的宝贵自然资源。

保护野生动物, 维护大自然生态平衡, 是我们每个人义不容辞的责任。

人与自然是生命共同体, 人类必须尊重自然、顺应自然、保护自然。

永远铭记: 生态兴则文明兴, 生态衰则文明衰!

中国野生动物保护协会简介

中国野生动物保护协会成立于 1983 年, 以推动中国野生动物保护事业可持续发展、促进人与自然和谐为宗旨, 在野生动物保护公众教育、科技交流、国际合作以及动员组织社会力量参与野生动物保护等方面做了大量富有成效的工作。1984 年协会成为世界自然保护联盟 (IUCN) 的非政府组织成员。